**Peter Klapper**

# Projektskizze: Systematische Stofftransportuntersuchungen der Reaktivextraktion am Beispiel der Zinkextraktion mit D2EHPA

GRIN Verlag

**Bibliografische Information der Deutschen Nationalbibliothek:**

Die Deutsche Bibliothek verzeichnet diese Publikation in der Deutschen Nationalbibliografie; detaillierte bibliografische Daten sind im Internet über http://dnb.d-nb.de/ abrufbar.



**Impressum:**


Druck und Bindung: Books on Demand GmbH, Norderstedt Germany
ISBN: 978-3-656-70745-5

**Dieses Buch bei GRIN:**

http://www.grin.com/de/e-book/277440/projektskizze-systematische-stofftransport-untersuchungen-der-reaktivextraktion

# Projektskizze

## Systematische Stofftransportuntersuchungen der Reaktivextraktion am Beispiel der Zinkextraktion mit D2EHPA

# 1 Einleitung

Bei der Metallsalzextraktion werden mit Hilfe flüssiger Ionenaustauscher, die wegen ihrer hohen Viskosität mit einem wasserunlöslichen, aliphatischen oder aromatischen Verdünnungsmittel gemischt werden, Metallionen über eine Komplexierungsreaktion aus wässrigen Lösungen extrahiert. In nichtionisierter Form sind die Ionenaustauscher exklusiv in der organischen Phase löslich. Da die Metallionen selber nur in der wässrigen Phase löslich sind, wird deren Phasendurchtritt erst durch eine Grenzflächenreaktion möglich.

Bei der Zinkextraktion mit dem Kationenaustauscher Di(2-ethylheyl)phosphorsäure (D2EHPA) ergeben sich als Transportschritte der Antransport und die Adsorption der Edukte, die Grenzflächenreaktion, die Desorption und der Abtransport der Produkte (Abb. 1), sowie weiterer homogener Reaktionen in den beiden Phasen. Der An- bzw. Abtransport an die Phasengrenze bzw. von ihr weg erfolgt über die die physikalischen Transportmechanismen der Konvektion, Diffusion und Migration. Die chemischen Reaktionen sowie die Sorptionsmechanismen können kinetisch gehemmt verlaufen oder sind derart schnell, dass sie durch Gleichgewichtszustände adäquat beschrieben werden können.

Für die verfahrenstechnische Prozessgestaltung bei der Zinkextraktion ist die Kenntnis der einzelnen Transferschritte unerlässlich. Leider findet man in der Literatur keine einheitliche Erklärung des Stofftransportes, da zum einen unterschiedliche Anschauungen bzgl. der Kinetik der chemischen Reaktionen und der Sorptionsmechanismen vorliegen und zum anderen differente chemische Reaktionen der Zinkextraktion zugrunde gelegt werden. Insbesondere die Beschreibung der Sorptionsmechanismen über chemische Reaktionen hat dazu geführt, dass bei den kinetischen Analysen nur die Diskussion im Fokus stand, ob ein transport- oder reaktionskinetisch dirigiertes Extraktionsregime vorliegt. Hierfür wurde eigens eine Methodik entworfen. Eine wirkliche, sorptionskinetische Studie wurde erst in eigenen Arbeiten geleistet. Dies ist verwunderlich, da es die Untersuchung der dynamischen Grenzflächenspannung erlaubt, die Grenzflächeneigenschaften zeitlich aufgelöst den einzelnen Transportprozessen in und an der Phasengrenze zu zuordnen. Eine Vorgehensweise die bei den kinetischen Untersuchungen der Tensidadsorption schon lange erfolgreich praktiziert wird.

Besonders problematisch ist der angesprochene, unzureichende Kenntnisstand beim Stofftransfer aus der grenzflächennahen Volumenschicht in die Phasengrenze und aus ihr heraus hinsichtlich der in den letzten Jahren im Fokus stehenden Einzeltropfenexperimente in Tropfensäulen und Venturi-Rohren als Grundlage zur Beschreibung des Stoffaustausches. In Unkenntnis der elementaren Transferschritte an der Phasengrenze bleibt die Beschreibung des Stoffaustausches immer noch auf empirische oder semi-empirische Darstellungen beschränkt. Das hier vorgestellte Projekt setzt von der Reihenfolgelogik der verschiedenen Methoden zur Erfassung und Beschreibung von Stoffaustauschprozessen bei der Extraktion genau vor diesen in der Literatur zuletzt häufig propagierten Herangehensweise an.

Durch den Nachweis der Grenzflächenaktivität des vollständig mit Zink beladenen Kationenaustauschers und der fehlenden Grenzflächenaktivität der monomer- und dimersolvatisierten Zink-Kationenaustauscher-Komplexe, sowie durch adsorptionskinetische Analysen konnte in eigenen Arbeiten gezeigt werden, dass bei der Zinkextraktion der Zinkkomplex nach seiner Desorption durch die freien D2EHPA-Molekülen spontan solvatisiert wird. Ungeklärt ist noch der Mechanismus der Zinkkomplex-Bildung.

Die Analysen der dynamischen Grenzflächenspannungen, vermessen nach der Methode der Tropfenprofilanalyse am hängenden, ruhenden Tropfen, deuten darauf hin, dass keine sorptionskinetische Hemmung für die an der Zinkextraktion beteiligten, grenzflächenaktiven Stoffe existieren. Allerdings können diese Hemmungen derart gering sein, dass sie nur in einem sehr kleinen Zeitfenster (t ‹‹ 1 s) detektierbar sind. Für diesen Zeitbereich ist die Tropfenprofilanalyse jedoch nicht geeignet.

Ausgehend vom Adsorptionsgleichgewicht wurde eine Systematik zur tensiometrischen Analyse des Stofftransportes in ruhenden Medien am hängenden Tropfen entwickelt, sodass die nichtkonvektiven Stofftransportprozesse separat betrachtet werden können. Die Analyse des zusätzlichen konvektiven Stofftransportes erfolgt in einer Rührzelle durch Beprobung der Phasen nach festgelegten Stoffaustauschzeiten. Für die modellhafte Wiedergabe wurde die Film-Penetrationstheorie adaptiert und gezeigt, dass hiermit eine realistischere Simulation des Stofftransportes möglich ist als mit dem wegen seiner Einfachheit bisher verwendeten Film-Modells.

Die eigenen Vorarbeiten haben viele Schwachstellen bei der Beschreibung der Extraktionskinetik von Zink mit D2EHPA offenbart. Einige Schwachstellen konnten so schon beseitigt werden. Die wesentlichen Resultate waren der Entwurf einer methodischen Vorgehensweise zur systematischen Stofftransportuntersuchung, die Feststellung der Eignung tensiometrischer Untersuchungsmethoden, das Aufzeigen der Leistungsgrenzen der eingesetzten tensiometrischen Methoden und die Entwicklung von Lösungsansätzen für die offenen Fragestellungen.

Da weder der Mechanismus der Zinkextraktion, die chemischen Gleichgewichte, die Adsorptionsgleichgewichte und –kinetiken noch die Reaktionskinetiken geklärt sind und somit, ebenso wie der Stofftransport aus der Kernphase an die Phasengrenze, nicht realitätskonsistent nachgebildet werden können, sollen im Rahmen dieses Projektes zum einen die Wissenslücken geschlossen werden und zum anderen soll der Versuch unternommen werden, durch ein Modell die Zinkextraktion bei verschiedenen bzw. letztlich beliebigen Versuchskonditionen abzubilden. Schließlich kann man nur durch eine erfolgreiche Simulation basierend auf den „first principles“ nachweisen, dass man das Stoffsystem und die Prozesse der Zinkextraktion verstanden hat.

Durch die geschickte Wahl der Versuchsbedingungen und die Anwendung spezieller Messmethoden sind die Vorgänge bei der Zinkextraktion so zu vereinfachen, dass die Transferschritte entweder separiert oder, falls dieses nicht möglich ist, von einem Transferschritt ausgehend sukzessiv einen weiteren ergänzend analysiert werden.

## 2 Arbeitsprogramm und Zielstellung

Ausgehend vom Extraktionsmechanismus werden aus den Reaktions- und Phasengleichgewichten die Gleichgewichtskonstanten und die Aktivitätskoeffizienten ermittelt. Anschließend werden aus den Verläufen der dynamischen Grenzflächenspannung am hängenden Tropfen die Adsorptionsgleichgewichte und –kinetiken bestimmt. Hierzu werden die Adsorptionsgleichgewichte mittels der Gibbs-Duhem'schen Gleichung unter Einbeziehung von Adsorptionsisothermen aus den stationären Grenzflächenspannungsverläufen unter Berücksichtigung der ermittelten Konstanten und Koeffizienten abgeleitet. Entsprechend der Isothermenwahl ist die Sorptionskinetik aufgrund des Konsistenzkriteriums vorgegeben. Zusammen mit den Diffusions- und optional den Migrationsbeziehungen wird anhand der Zeitverläufe der dynamischen Grenzflächenspannung in nichtreaktiven Regimen überprüft, ob zur Beschreibung der Adsorptionskinetik die Sorptionskinetik berücksichtigt werden muss oder ob eine Beschreibung mittels der Adsorptionsisothermen ausreichend ist. Die Anwendung des resultierenden Modells unter Einbeziehung der chemischen Reaktionen offenbart die Relevanz deren Kinetiken. Da eine Intensivierung des Stofftransportes die Bedeutung der reaktiven und sorptiven Transporthemmungen erhöht, wird an stabilen Phasengrenzen deren Einfluss durch Erhöhung der Konvektion ermittelt.

In Extraktionsversuchen und tensiometrischer Messungen ist zu klären, ob die Zinkionen direkt über die Reaktion mit dem Monomer des Kationenaustauscher, durch die Reaktion mit dem anionischen Rest des dissoziierten Kationenaustauschers oder durch die Kombination beider Reaktionsvarianten extrahiert wird. Ferner ist durch tensiometrische Messreihen zu überprüfen, ob der durch die Reaktionen gebildete Zinkorganokomplex bereits in der Phasengrenze monomersolvatisiert wird oder ob die Solvatisierung erst nach der Desorption im grenzflächennahen Volumen über die Anlagerung des Dimers des Kationenaustauschers erfolgt und der monomersolvatisierte Zinkkomplex durch Rekombination mit unsolvatisierten Zinkorganokomplexen gebildet wird.

Die Analyse der chemischen Thermodynamik erfolgt durch Konzentrationsmessungen im Gleichgewichtszustand und umfasst die Bestimmung der Konstanten der chemischen Gleichgewichte und der Aktivitätskoeffizienten. Die Beschreibung der chemischen Gleichgewichte hat so zu erfolgen, dass die chemischen Gleichgewichtskonstanten unabhängig vom verwendeten Verdünnungsmittel formuliert sind. Die Wechselwirkungen zwischen dem Verdünnungsmittel bzw. Lösungsmittel und den Gelöststoffen sind durch die Verwendung eines begründeten Modells zur Beschreibung der Aktivitätskoeffizienten wiederzugeben. Neben den

Konstanten der organischen Zinksalzbildung sind die Konstanten der Solvatisierungsreaktionen, der Dimerisation, der Monomerdissoziation sowie der Monomerverteilung auf beide Phasen zu ermitteln. Ergänzend zu den Aktivitätskoeffizienten der Ionen müssen die Aktivitätskoeffizienten der organischen Reaktanden und des im Wasser gelösten Monomers bestimmt werden.

Wegen der geringen Ausdehnung der Phasengrenze können Konzentrationsprofile in selbiger nicht gemessen werden. Gleichwohl ist deren Verlauf von elementarer Bedeutung für die Interpretation des Phasendurchtritts bei der Extraktion. Aus den Konzentrationsprofilen in der Phasengrenze resultieren Wechselwirkungen mit den Stoffen der angrenzenden Phasen. Diese Wechselwirkungen manifestieren sich in der Grenzflächenspannung. Ausgehend von der Gibbs-Duhem'schen können mittels der Konzentrationen in den Kontaktphasen die Grenzflächenkonzentrationen des Gleichgewichtes mittels Adsorptionsisothermen aus den gemessenen stationären Grenzflächenspannungen durch Anpassung der experimentellen Verläufe berechnet werden. Zunächst ist die Einkomponentenadsorption für das Monomer, für das Anion des Kationenaustauschers und für den unsolvatisierten Zinkkomplex durch die Wahl geeigneter Versuchsbedingungen zu analysieren. Hierzu werden die Untersuchungen getrennt im Konzentrationsbereich unterhalb und oberhalb der kritischen Mizellbildung durchgeführt. Nach der Auswahl einer geeigneten Modellierungsstrategie und zugehöriger Adsorptionsisothermen sind aus den Gleichgewichtsgrenzflächenspannungen die erforderlichen Kennwerte zu kalkulieren. Die Anwendbarkeit der gewählten Modellierung auf die Mehrkomponentenadsorption ist anschließend zu validieren.

Über die Adsorptionsisothermen kann auf eine potenzielle Sorptionskinetik geschlossen werden, da die Isothermen den stationären Fall der Sorptionskinetik wiedergeben. Mittels der vermessenen dynamischen Grenzflächenspannung in den Stoffsystemen ohne reaktionskinetische Prozesse ist zu überprüfen, ob der Transport an die Phasengrenze sorptionsgehemmt oder allein diffusionsdirigiert (Hierunter wird vereinfachend auch die Überlagerung von Diffusion und Migration verstanden.) ist. Hierzu sind für die Einkomponentenadsorption die Kurz- und Langzeitapproximationen bei Zugrundelegung der verschiedenen Transportmechanismen zu entwickeln und mittels der experimentellen Befunde deren Eignung zu untersuchen. Anschließend sind die ganzheitlichen Verläufe der dynamischen Grenzflächenspannung durch Anwendung des ausgewählten Modells zu simulieren. Zu diesem Zweck sind die Diffusionskoeffizienten und gegebenenfalls die sorptionskinetischen Konstanten numerisch anzupassen. In einem weiteren Schritt werden nun die reaktionskinetischen Prozesse bei den Experimenten zu gelassen. Durch den Vergleich der zu entwickelnden Modelle mit und ohne reaktionskinetische Verzögerung beim reaktiven Stofftransport über die Phasengrenze, ist die Transportrelevanz der reaktiven Hemmung zu bestimmen und gegebenenfalls die zugehörigen Konstanten zu kalkulieren.

Da Diffusionsprozesse vergleichsweise langsam ablaufen, wird in der Regel durch Energieeintrag der Stofftransport in technischen Prozessen verstärkt. Weil der langsamste Transportschritt geschwindigkeitsbestimmend für den Stofftransport ist, kann es sein, dass potenzielle sorptions- und reaktionskinetische Verzögerungen beim diffusionsdirigierten Transport in den Phasen so dominiert werden, dass sie nicht detektierbar sind. Durch die Erhöhung des konvektiven Transportanteils wird der Stofftransport in den Phasen so beschleunigt, dass unter Umständen sorptive und reaktive Verzögerungen beim Phasendurchtritt bedeutsam werden. Unter Verwendung des Film-Penetrationsmodells für den Stofftransport an die Phasengrenze bzw. von selbiger weg ist zu überprüfen, ob die Annahme der Transferlimitierungen der Grenzflächenspannungsmessungen aufrechterhalten werden können. Falls es nötig ist, sind die erforderlichen Modellergänzungen vorzunehmen. Diese Untersuchungen müssen an stabilen Phasengrenzen durchgeführt werden, da bei freibeweglichen Phasengrenzen Grenzflächenturbulenzen aufgrund der Strömungen in den Phasen induziert werden, die die Anwendbarkeit des Film-Penetrationsmodells ausschließen.

# 3 Projektstruktur

Die Projektstruktur resultiert grundsätzlich aus den Zielstellungen und dem damit verbundenen Arbeitsprogramm des Projektes. Die in Kapitel 2 definierten Themenschwerpunkte dieses Projektes können als unabhängige Teilprojekte abgearbeitet werden. Allerdings wird für die Bearbeitung dieser Themen zum Teil auf einen gemeinsamen Pool experimenteller Daten zurückgegriffen. Hinsichtlich der theoretischen Analyse ergibt sich aus den Anforderungen der Modellierungen jedoch die in Kapitel 2 dargestellte Abfolge der Themen für die Bearbeitung.
Da im Zuge des Projektes drei Promotionen geplant sind, die aufeinander aufbauen sollen, muss dieses bei der Planung der Projektstruktur bedacht werden. Die erste Promotion soll sich mit dem Extraktionsmechanismus und den chemischen wie auch adsorptiven Gleichgewichten beschäftigen, während bei der zweiten und dritten die dynamischen Prozesse des Stoffaustausches im Vordergrund stehen.
Entsprechend der möglichen Dissertationen müssen drei unabhängige Vorgangslisten erstellt werden. Die erste Vorgangsliste muss zum Thema „Chemische und adsorptive Gleichgewichtsuntersuchungen bei der Zinkextraktion mit D2EHPA“ erarbeitet werden. Die Untersuchungen der dynamischen Stoffaustauschprozesse muss wegen der nicht a priori bekannten Relevanz von Sorption- und Reaktionskinetik in zwei Aufgabenblöcke mit den Themen „Adsorptionskinetische Untersuchungen Zinkextraktion mit D2EHPA“ und „Stoffaustausch an stabilen Phasengrenzen bei der Zinkextraktion mit D2EHPA unter Berücksichtigung potenzieller Reaktions- und Sorptionshemmungen“ getrennt werden. Falls schon die tensiometrischen Untersuchungen zeigen, dass diese Hemmungen auftreten, ändert sich die Akzentuierung des dritten Teilprojektes. Hier steht dann die Kopplung dieser Transporthemmungen mit dem Stoffübergangsmodell im Vordergrund. Die methodische

Vorgehensweise bleibt von diesem neuen Schwerpunkt unberührt. Grundsätzlich erfolgt die weitere Projektplanung unter der Prämisse, dass alle Transporthemmnisse auftreten.
Für das erste Teilprojekt, das die Gleichgewichtsprozesse behandelt, sind im Anhang (Tab. 1) die erforderlichen Vorgänge bzw. Arbeitspakete aufgelistet. Da die Gleichgewichtsgrenzflächenspannung als stationärer Wert der dynamischen Grenzflächenspannungsverläufe in Stoffsystemen, die sich im chemischen Gleichgewicht befinden, ermittelt wird, ist als zusätzliche Aufgabe, die qualitative Adsorptionskinetik zur Beurteilung sorptiver Hemmungen mitaufgenommen. Diese Aufgabe stellt somit einen Ausblick auf die weiteren Teilprojekte dar. Aufgrund der im Vordergrund stehenden Adsorptionsgleichgewichte kommt hier die Untersuchung am ruhenden, hängenden Tropfen zum Einsatz mit der in einem beliebigen Zeitintervall größer als eine Sekunde gemessen werden kann.
Beim zweiten Teilprojekt stehen die Verläufe der dynamischen Grenzflächenspannung im Vordergrund. Da bei geringen sorptiven und reaktiven Hemmungen die Methode des ruhenden, hängenden Tropfens zur Bestimmung der entsprechenden Einflüsse ungeeignet ist, kommt hier auch die Tropfendruckmethode zum Einsatz, die es gestattet die dynamische Grenzflächenspannung im Zeitfenster von einer Millisekunde bis zu wenigen Sekunden aufzulösen. Während die sorptiven Hemmnisse separat in Stoffsystemen nach vorherigem Stoffausgleich untersucht werden können, müssen zur Beurteilung des reaktionskinetischen Einflusses die Messungen in Systemen ohne vorherigen Stoffausgleich erfolgen. Die notwendigen Vorgänge dieses Teilprojektes sind im Anhang (Tab. 2) aufgeführt.
Weil beim dritten Teilprojekt keine Grenzflächeneigenschaften erfasst werden, sondern der integrale Stofftransport über die stabilisierte Phasengrenze in einer Rührzelle, ist hier eine Auflösung der Transportschritte unmöglich. Methodisch geht man daher so vor, dass man zunächst den Stofftransport ohne sorptive oder reaktive Hemmung auf der Grundlage von Gleichgewichten zwischen der Phasengrenze und den angrenzenden Phasenvolumina simuliert und anschließend sukzessive eine zusätzliche Hemmung nach der anderen zulässt. Abschließend werden die gemessenen Werte mit den simulierten verglichen und so die beste Modellierungsstrategie ermittelt, durch die die zugehörigen Hemmungen festgelegt sind. Diese Vorgehensweise spiegeln die gelisteten Arbeitspakete (Tab. 3) wider.
Für den Projektstrukturplan wird das Gesamtprojekt in seine drei Teilprojekte untergliedert. Diese Teilprojekte werden nach den sachlogischen Zwängen unterteilt – Experiment, Theorie und Analyse, Veröffentlichung und Bericht. Dieser Rubriken werden die einzelnen Vorgänge bzw. Arbeitspakete zugeordnet. Der resultierende Projektstrukturplan ist im Anhang (Abb. 2) dargestellt. Wegen der Übersichtlichkeit werden die jeweiligen Titel in gekürzter Form verwendet. Da der Projektstrukturplan im vorliegenden Projekt nur zur ganzheitlichen Veranschaulichung der anstehenden Aufgaben und Aktivitäten dient, muss der Präzisierung der

Titel keine große Bedeutung beigemessen werden. Für die weitere Planung wird auf die detaillierteren Darstellungen der Vorgangslisten und der zugehörigen Beschreibungen der Arbeitspakete zurückgegriffen.

# 4 Ablaufplanung

Die Ablaufplanung erfolgt für jedes Teilprojekt separat. Für die Ablaufplanung werden die Verknüpfungen, die sich aus den Voraussetzungen und den Ergebnissen der einzelnen Arbeitspakete der Bearbeitungskomplexe „Experiment“ und „Theorie und Analyse“ ergeben, verwendet. Die Arbeitspakete des Bearbeitungskomplexes „Veröffentlichung und Bericht“ werden an den entsprechenden Stellen begründet eingefügt. Für jedes Teilprojekt wird der Ablaufplan anhand eines einfachen Netzplans verdeutlicht.
Die schematische Darstellung der Abläufe der einzelnen Teilprojekte (Abb. 3 – Abb. 5) stellt die prinzipiellen Verknüpfungen der einzelnen Arbeitspakete dar. Da einige Arbeitspakete auf dieselbe Messtechnik und dasselbe Personal zurückgreifen, sind diese jedoch nicht parallel bearbeitbar sondern nur seriell.

Das Teilprojekt „Chemische und adsorptive Gleichgewichtsuntersuchungen“ beginnt mit einer Startphase (Abb. 3), in der sich der neue wiss. Mitarbeiter mit den Inhalten und Zielen des Projektes vertraut macht und ein für die weitere Bearbeitung grundlegendes Verständnis der relevanten Methoden und Modelle entwickelt. Anschließend erfolgt die Auswahl geeigneter Aufbereitungsverfahren für die Reinigung der eingesetzten Chemikalien entsprechend der Messaufgaben. Die Untersuchung der chemischen und adsorptiven Gleichgewichte wird parallel durchgeführt. Dementsprechend sind die Chemikalienaufbereitung für die chemischen Gleichgewichtsuntersuchungen und für die tensiometrischen Untersuchungen der Adsorptionsgleichgewichte die nächsten Schritte. Die eigentlichen Messungen mittels Intensivmischens und anschließender chemischer Analytik auf der einen Seite und der Tensiometrie am ruhenden, hängenden Tropfen auf der anderen Seite schließen sich jeweils an.
Mittels der Verläufe der dynamischen Grenzflächenspannungen und den Verteilungs- und Beladungsgleichgewichten als primäre Resultate der chemischen Gleichgewichtsuntersuchungen wird der Extraktionsmechanismus formuliert. Da die korrekte Formulierung der Extraktionsmechanismen sowohl für die konsistente Beschreibung der chemischen Gleichgewichte als auch für die Berechnung der Konzentrationsgrößen der Adsorptionsgleichgewichte unerlässlich ist, wird im Anschluss an die Formulierung eine Präsentation dieses ersten wichtigen Etappenziels in diesem Teilprojekt durchgeführt. Der Extraktionsmechanismus selber bildet zusammen mit den chemischen Gleichgewichtsuntersuchungen die Basis zur Ermittlung der chemischen Gleichgewichtskonstanten. Nach deren Ermittlung erfolgt die Erweiterung der Gültigkeit der

chemischen Gleichgewichtsbeziehungen auf höhere Konzentrationswerte durch die Einbindung thermodynamisch begründeter Aktivitätsmodelle. Wegen des Innovationsgehaltes und der Tatsache, dass die chemischen Gleichgewichte nun vollständig beschreibbar sind, werden diese Resultate entsprechend aufbereitet und vor der eigentlichen Veröffentlichung präsentiert (Vortrag). Im Anschluss muss der Zwischenbericht verfasst und die Anschlussfinanzierung über einen Fortsetzungsantrag gesichert werden.
Für die Modellierung der Einkomponentenadsorption werden neben der Beschreibung der chemischen Gleichgewichte (Extraktionsmechanismus, chemische Gleichgewichtskonstanten, Aktivitätsmodelle) die stationären Grenzflächenspannungsverläufe der Messungen am ruhenden Tropfen benötigt. Mit der Erweiterung der Einkomponentenadsorption um den Einfluss der Mizellbildung ist die Modellbildung der Einkomponentenadsorption vollständig abgeschlossen. Diese Resultate werden im Rahmen eines Vortrages präsentiert. Nach erfolgter Modellausweitung auf die Mehrkomponentenadsorption werden die Gleichgewichtsgrenzflächenspannungen und die korrespondierenden Grenzflächenpotenziale simuliert. Diese Ergebnisse werden wieder vor der Veröffentlichung präsentiert und bilden neben den vorherigen Etappenzielen die Grundlage des Abschlussberichtes. Dieser wird hinsichtlich der weiterführenden Aufgaben noch um die qualitative Analyse der dynamischen Grenzflächenspannungsverläufe ergänzt. Mit dem Abschlussbericht endet das erste Teilprojekt.

Nach der Startphase, dessen Sujets die Bildung eines Verständnis für das eigene Projekt und die Wissensadaption des ersten Teilprojektes sind, stehen beim zweiten Teilprojekt „Adsorptionskinetische Untersuchungen Zinkextraktion mit D2EHPA" (Abb. 4) zunächst die tensiometrischen Untersuchungen mit und ohne vorherigem Stoffaustauch im Vordergrund. Nach der obligatorischen Chemikalienaufbereitung, die für alle tensiometrische Messmethoden und Messstrategien identisch ist, folgt die Erfassung der dynamischen Grenzflächenspannungen nach vorherigem Stoffaustausch am wachsenden Tropfen. Diese Messreihen bilden zusammen mit den analogen Messreihen am ruhenden Tropfen des ersten Teilprojektes die Grundlage für die approximative Stofftransportanalyse. Da deren Ergebnisse für die quantitative Adsorptionskinetik essentiell sind (Relevanz der sorptiven Hemmung), werden die Ergebnisse in einem Vortrag präsentiert. Anschließend wird die quantitative Adsorptionskinetik ohne chemische Reaktionen modelliert und simuliert. Da nun wesentliche Ergebnisse des Teilprojektes vorliegen, erfolgen die Verfassung des Zwischenberichtes zusammen mit dem Fortsetzungsantrag und die Präsentation der Ergebnisse, bevor diese in einer Veröffentlichung zum Thema „Adsorptionskinetik ohne Reaktionseinflüsse" publiziert werden.
Zusammen mit den tensiometrischen Messungen ohne vorherigen Stoffausgleich am ruhenden und wachsenden Tropfen, die, da unterschiedliche Messanordnungen genutzt werden, parallel ausgeführt werden, sowie beim nachfolgenden Strippen des beladenen Kationenaustauschers

mit Schwefelsäure, untersucht sowohl am wachsenden als auch ruhendem Tropfen, bildet das Modell zum nichtreaktiven Stofftransport bei der Adsorption die Basis zur Modellierung der nichtkonvektiven Stofftransportvorgänge bei der Zinkextraktion. Da der Einfluss der reaktiven Hemmungen der einzelnen chemischen Reaktionen über die vergleichende Betrachtung der Grenzflächenspannungsverläufe mit und ohne vorherigen Stoffausgleich teilweise deduziert werden kann, kann die Anzahl der reaktionskinetisch zu analysierenden Teilreaktionen deutlich reduziert werden und somit auch der Aufwand für die Erstellung der entsprechenden Simulationsprogramme. Diese Vorgehensweise ist bis dato in der Literatur noch nicht dokumentiert und soll in einer weiteren Veröffentlichung zur Darstellung der Bedeutung tensiometrischer Untersuchungen zur Aufklärung der Transportmechanismen beim Stofftransfer nach einer vorherigen Präsentation dieser bedeutenden Zwischenergebnisse publiziert werden.
An die Modellierung der verschiedenen Varianten (mit und ohne Reaktionshemmung) des Stofftransportes bei der Zinkextraktion mit chemischen Reaktionen schließen sich nach der Programmierung und Implementierung der entsprechenden Algorithmen die Simulation der dynamischen Grenzflächenspannungsverläufe und die endgültige Festlegung aller Transportmechanismen aufgrund des Datenfittings an. Hiermit ist das inhaltliche Ziel dieses Teilprojektes erreicht. Nach einer Präsentation der Ergebnisse und neuer Erkenntnisse wird der Abschlussbericht verfasst und die richtungsweisenden Resultate in einer Publikation zum nichtkonvektiven Stofftransport bei der Reaktivextraktion manifestiert.

Das dritte Teilprojekt „Stoffaustausch an stabilen Phasengrenzen“ beginnt ebenfalls mit einer Startphase (Abb. 5). Auch wenn in der thermischen Verfahrenstechnik gerührte Stoffaustauschzellen und die zum Einsatz kommende Analysemethoden zum Standardrepertoire gehören, so stellt die gewählte Modellierungsstrategie jedoch ein Novum dar. Daher muss sich der neue wiss. Mitarbeiter zunächst mit den Erkenntnissen der beiden vorherigen Teilprojekte, schließlich greift er auf diese zurück, und mit den Aufgaben und Zielen seines Teilprojektes vertraut machen. Anschließend erfolgt die Chemikalienaufbereitung entsprechend der Messaufgaben. Diese werden in einen Untersuchungsstrang ohne und einen mit Zinkextraktion differenziert. Diese beiden Untersuchungsansätze müssen, da nur eine Stoffaustauschzelle vorhanden ist, nacheinander bearbeitet werden.
Zunächst wird in der Rührzelle der D2EHPA-Transfer als Funktion der Turbulenzintensität über die Variation der Rührerdrehzahlen mittels der zeitlichen Änderungen des Phosphorgehaltes in beiden Phasen untersucht. Die einzelnen Schritte des D2EHPA-Transfers werden modellmäßig nachgebildet, wobei anfänglich davon ausgegangen wird, dass neben den in den tensiometrischen Studien festgestellten Hemmungen keine weitere zu berücksichtigen sind. Auf dieser Grundlage erfolgt anschließend die Simulation des Transportes des Kationenaustauschers. Sollte sich hier zeigen, dass Experiment und Simulation nicht konsistent sind, muss die Modellierung um weitere reaktive Hemmungen ergänzt und die Validierung via

Simulation erneut durchgeführt werden. Sobald keine Verbesserung der Simulationsresultate erzielbar ist, gilt die Modellierung und Simulation als abgeschlossen und die erzielten Ergebnisse und Erkenntnisse werden nach einer Präsentation in einer Fachzeitschrift veröffentlicht. Außerdem sind nun der Zwischenbericht und der Fortsetzungsantrag zu erstellen. Der Zinkionentransfer lässt sich nicht vom Phosphortransfer entkoppeln und wird gemeinsam in der Rührzelle für diverse Strömungsintensitäten untersucht. Als nächstes wird der Zinkionentransfer über die Reaktionsfolge bei der Zinkextraktion und auf der Grundlage der bekannten Transporthemmungen modelliert. Für die Simulation muss auf die Modellierungsergebnisse des D2EHPA-Transfers zurückgegriffen werden. Im Idealfall kann durch die Simulation ohne weitere reaktionskinetische Modellmodifikationen der Zinktransport stimmig abgebildet werden. Ist dieses nicht möglich, müssen die unterschiedlichen Reaktionshemmungen der Zinkextraktion bei der Neumodellierung bedacht werden. Sobald die Diskrepanzen zwischen Theorie und Experiment nicht weiter durch eine Modellnovellierung reduziert werden können, ist die theoretische Analyse abgeschlossen. Die Ergebnisse werden für eine Präsentation aufbereitet und in einer Fachzeitschrift veröffentlicht. Der zu erstellende Abschlussbericht umfasst neben den Erkenntnissen zum Zink- und Phosphortransport bei der Zinkextraktion an stabilen, überströmten Phasengrenzen einen Ausblick auf die Modellanwendung an umströmten Tropfen. Hinsichtlich weiterer Forschungsaktivitäten sind Messkonzepte zur Modellanwendung bei umströmten Einzeltropfen und Tropfenschwärmen mit formstabilen und instabilen Phasen zu erarbeiten.

# 5 Risikomanagement

Die drei Teilprojekte unterscheiden sich hinsichtlich der Risiken und der Gegenmaßnahmen kaum, sodass das Risikomanagement zusammengefasst behandelt werden kann. Einzige Besonderheit ist, dass, wenn das Vorgängerprojekt gescheitert ist, kein Nachfolgeprojekt initiierbar ist. Hier besteht auch keine Möglichkeit des regulativen Einschreitens. Die nachfolgenden Betrachtungen gelten somit unter der Prämisse eines erfolgreichen Vorgängerprojektes.

Ein typisches Risiko experimenteller Arbeiten sind Verzögerungen, die aus der Wiederholung von Messungen resultieren, da die ermittelten Daten fehlerhaft sind. Die Ursachen hierfür sind mannigfaltig: Im der Bereich der chemischen Analytik sind falsche Verdünnungsreihen, fehlerhafte Kalibrierung oder Verunreinigung der Messgeräte und Veränderung (Alterung) der Messapplikation während der Messungen die bekanntesten Fehlerquellen. Häufig sind die verwendeten Gefäße kontaminiert. Auch die falsche Dosierung bei der Herstellung von Lösungen oder Gemischen sind weitere nicht zu unterschätzende Fehlerquellen. Die Ursachen hierfür sind die Verstellung bei den Einkanalpipetten oder die Verwechselung von Konzentrationen und Maßlösungen. Beim Tropfenprofil-Tensiometer können Schwankungen

der Lichtintensität der notwendigen Lampe fehlerhafte Messungen hervorrufen. Weithäufiger sind aber Fehlmessungen mit den Pendant-Drop-Tensiometern – sei es nach der Tropfenprofilanalyse oder der Tropfendruckmethode – aufgrund kleiner Tropfen, die bei den Spülvorgängen nach jedem Tropfenabriss als Sekundärtropfen gebildet werden und durch den Tropfenabriss von der Öffnung entlang der Kanüle weggedrückt werden. Diese kleinen Tropfen können sich während der Messungen zurückbewegen und ändern durch den Kontakt mit dem zu untersuchenden Tropfen die physikalischen Randbedingungen.
Ein zusätzliches Risiko aller experimentellen Arbeiten stellen die möglichen Defekte von Messeinrichtungen (Tensiometer, Stoffaustauschzelle) und Analysetechnik (Spektrometer, pH-Meter, Zetaziser) dar. Je nach Umfang und Kosten der Reparaturen oder der Neubeschaffung wird hierdurch der Projektverlauf zum Teil erheblich beeinträchtigt.
Da alle wesentlichen Aufgaben durch einen wiss. Mitarbeiter erledigt werden, ist das personelle Risiko sehr hoch, dass sich im Krankheitsfall das von diesem bearbeitete Teilprojekt verzögert. Aber auch Ausfälle bei dem anderen Personal beeinflussen den Projektverlauf.
Ein nicht zu unterschätzendes Risiko bei der Bearbeitung theoretischer Aufgaben, die sich über einen längeren Zeitraum hinziehen, stellt die Annahme des wiss. Mitarbeiters bei Beginn dar, dass er ausreichend Zeit habe, und so die Arbeiten nur halbherzig vorantreibt. Dieses kann dazu führen, dass der wiss. Mitarbeiter im späteren Verlauf überfordert ist, sich die Arbeiten verzögern (kein termingerechtes Teilprojektende) oder nicht fertiggestellt (worst case) werden.
Ein weiteres Risiko kann aus dem Projektumfeld entstehen, wenn der wiss. Mitarbeiter zusätzlich in der studentischen Ausbildung tätig ist.

Stochastischen Analysefehlern begegnet man am einfachsten durch Redundanz. Genau dieser Ansatz wird durch die Analysen der organischen und wässrigen Phase verfolgt, da aus der Massebilanz die Konzentrationen der jeweils anderen Phase berechnet werden können. Fehlerhafte Einzelmessungen können auch durch Plausibilitätsprüfungen herausgefiltert werden. Durch eine große Datendichte ist eine einzelne Fehlmessung irrelevant. Problematischer sind systematische Fehler. Hier kann prinzipiell die Kalibrierung der Messgeräte und das Vermessen von Blindproben zur Überprüfung auf Verunreinigungen vor dem Messeinsatz Abhilfe schaffen. Die routinemäßige Überprüfung der Pipettiervolumina der Einkanalpipetten durch Auswiegen bei einer definierten Temperatur der Kontrollflüssigkeit (i. d. R. Wasser) erlaubt das rechtzeitige Nachjustieren der Pipetten. Falsche Verdünnungsreihen können ein Indiz für die Zuverlässigkeit des Laborpersonals sein. Durch das Einstreuen von Proben mit bekannter Konzentration kann die Arbeitsweise des Analytikpersonals ebenso überprüft werden wie die störungsfreie Funktion der Messgeräte. Wegen der hohen Reinheitsanforderungen bei Grenzflächenuntersuchungen werden alle Gefäße mit verschiedenen Waschlösungen gereinigt und der Reinigungserfolg überprüft, sodass dieser Kontaminationspfad fast ausgeschlossen werden kann.

Den vorübergehenden Lichtintensitätsschwankungen beim Tropfenprofil-Tensiometer kann man nicht präventiv begegnen. Anders ist dieses für den Fall einer schleichenden Veränderung. Durch regelmäßiges Kalibrieren kann dieser Fehler auf ein Minimum reduziert werden. Problematisch bleiben die beim Tropfenabriss gebildeten Sekundärtropfen. Deren Auswirkung auf die Untersuchungen kann man nicht verhindern. Solange nur wenige Messreihen fehlerhaft sind, wird man aufgrund der Quantität des Messprogramms auf eine Wiederholung verzichten. Mehren sich die Fehlmessungen oder eine fehlerhafte Messreihe ist von besonderer Relevanz, kommt man nicht umhin, die Messungen zu wiederholen. Wichtig ist die rechtzeitige Erkennung einer Fehlmessung, da so eine unverzügliche Wiederholung ohne Reinigungszyklus möglich ist. Hier ist eine Echtzeitauswertung und qualitative Bewertung der Messungen erforderlich.
Die Maßnahmen zur Risikobehandlung defekter Messgeräte reichen von der Geldbereitstellung aus Haushaltsmitteln bei Kleinreparaturen im Fall des pH-Meters (z. B. Neukauf der Messsonde) oder für Leuchtmittel des Tropfenprofil-Tensiometers bis hin zur Umstrukturierung der Abläufe. Die Änderung der Abläufe wird dann erforderlich, wenn die Reparaturen sehr zeitaufwendig sind oder die Kosten so hoch sind, dass sie aus den momentanen Haushaltsmitteln nicht bezahlt werden können. Aufgrund dieser Problematik sind bei der vorgestellten Projektplanung die experimentellen Arbeiten stets zu Beginn eines Teilprojektes gestellt. Können aufgrund eines defekten Mess- oder Analysegerätes die Experimente nicht fortgesetzt werden, können die theoretischen Arbeiten vorgezogen werden. In diesem Fall muss der Ablaufplan geändert werden. Für den Fall eines defekten Analysegerätes besteht auch die Möglichkeit, die Analysen hochschulintern an einem anderen Institut mit der erforderlichen Ausstattung durchführen zu lassen.
Den krankheitsbedingten Personalausfall kann man in der Regel durch Unterstützungs- und Entlastungsmaßnahmen (Bereitstellung von zusätzlichem Personal) in seiner Wirkung abschwächen. Problematisch ist allerdings ein längerfristiger Ausfall des wiss. Mitarbeiters, da seine Tätigkeit unabdingbar für den Erfolg des Teilprojektes ist. Auch wenn die Wahrscheinlichkeit einer schweren Erkrankung gering ist, sind die Konsequenzen für das aktuelle und die nachfolgend geplanten Teilprojekte je nach Zeitpunkt des Ausfalls fatal. Durch die geplante, zeitliche Überlappung zweier Teilprojekte wird dieser Effekt zusätzlich verschärft. Allerdings bleibt wegen der teilprojektunabhängigen experimentellen Phase ein Zeitpuffer innerhalb dessen, die für das folgende Teilprojekt erforderlichen Daten und Erkenntnisse bereitgestellt werden können.
Um zu verhindern, dass bei den komplexen theoretischen Arbeitspaketen die lange Bearbeitungszeitdauer den wiss. Mitarbeiter zur falschen Zeiteinschätzung und Zeiteinteilung verleitet, sollte der wiss. Mitarbeiter sich Zwischenziele als Meilensteine definieren und für jedes Arbeitspaket eine kontinuierliche Meilenstein-Trendanalyse betreiben. Außerdem sollte der

wiss. Mitarbeiter in vorher festgelegten Zeitabständen, dem nominellen Projektleiter über den aktuellen Status berichten.

Durch Einführung von Sprechzeiten und Zwischenschaltung des Institutssekretariats lässt sich der Einfluss der Bildungsaufgaben auf das Projekt signifikant reduzieren. Falls dennoch ein zeitlicher Engpass entsteht, muss der wiss. Mitarbeiter von diesen Aufgaben entbunden werden.

In der qualitativen Risikoanalyse (Tab. 4) sind neben den Risiken, den Eintrittswahrscheinlichkeiten, den Schadenspotenzialen und der Risikostufen alle Maßnahmen für das Gesamtprojekt noch einmal zusammenfassend aufgeführt.

# Anhang

| Vorgangsliste 1 | |
|---|---|
| **Projekttitel** | Systematische Stofftransportuntersuchungen der Reaktivextraktion am Beispiel der Zinkextraktion mit D2EHPA |
| **Teilprojekt** | Chemische und adsorptive Gleichgewichtsuntersuchungen bei der Zinkextraktion mit D2EHPA |
| **Vorgänge** | |
| <ul><li>Erprobung und Auswahl geeigneter Aufbereitungsmethoden für Chemikalien</li><li>Chemikalienaufbereitung für chemische Gleichgewichtsuntersuchungen</li><li>Chemikalienaufbereitung für tensiometrische Untersuchungen</li><li>chemische Gleichgewichtsuntersuchungen</li><li>tensiometrische Untersuchungen am ruhenden, hängenden Tropfen nach vorherigem Stoffausgleich</li><li>Formulierung der Extraktionsmechanismen</li><li>Bestimmung der chemischen Gleichgewichtskonstanten</li><li>Auswahl eines Modells zur Kalkulation der Aktivitätskoeffizienten</li><li>Auswahl der Modellierungsstrategie und der Adsorptionsisothermen für die Einkomponentenadsorption</li><li>Erweiterung der adsorptiven Gleichgewichtsbetrachtungen um die Mizellbildung</li><li>Anwendung des Modells auf die Mehrkomponentenadsorption</li><li>Simulation der Gleichgewichtsgrenzflächenspannungsverläufe und gegebenenfalls der elektrostatischen Grenzflächenpotenziale</li><li>qualitative Analyse der dynamischen Grenzflächenspannungsverläufe zur Verdeutlichung möglicher sorptiver Transporthemmungen</li><li>Anfertigung einer Veröffentlichung zur Thermodynamik der chemischen Gleichgewichte</li><li>Anfertigung von ein oder zwei Veröffentlichungen zum Thema der Adsorptionsgleichgewichte bei der Zinkextraktion mit D2EHPA</li><li>Präsentation von Zwischenergebnissen</li><li>Verfassen des Zwischenberichtes und des Projektfortsetzungsantrages</li><li>Verfassen des Abschlussberichtes</li></ul> | |

**Tab. 1:** Vorgangsliste zum Teilprojekt „Chemische und adsorptive Gleichgewichtsuntersuchungen bei der Zinkextraktion mit D2EHPA“

| Vorgangsliste 2 | |
|---|---|
| **Projekttitel** | Systematische Stofftransportuntersuchungen der Reaktivextraktion am Beispiel der Zinkextraktion mit D2EHPA |
| **Teilprojekt** | Adsorptionskinetische Untersuchungen der Zinkextraktion mit D2EHPA |

**Vorgänge**

- Chemikalienaufbereitung für tensiometrische Untersuchungen
- tensiometrische Untersuchungen am wachsenden Tropfen nach der Tropfendruckmethode nach vorherigem Stoffausgleich
- Klärung der sorptionskinetischen Hemmungen mittels approximativer Stofftransportbeziehungen
- Beschreibung der quantitativen Adsorptionskinetik ohne chemische Reaktionen
- Simulation der dynamischen Grenzflächenspannungsverläufe ohne chemische Reaktionen
- tensiometrische Untersuchungen am wachsenden Tropfen nach der Tropfendruckmethode ohne vorherigem Stoffausgleich
- tensiometrische Untersuchungen am ruhenden, hängenden Tropfen ohne vorherigem Stoffausgleich
- tensiometrische Untersuchung des Strippens von zinkbeladener D2EHPA-Dodekanphase mit verdünnter Schwefelsäure
- Modellierung des nichtkonvektiven Stofftransportes unter Berücksichtigung chemischer Nichtgleichgewichte
- Simulation der dynamischen Grenzflächenspannungsverläufe mit chemischen Reaktionen
- Anfertigung von ein oder zwei Veröffentlichung zur qualitativen und quantitativen Adsorptionskinetik
- Anfertigung einer Veröffentlichung zu den Einsatzmöglichkeiten der verwendeten tensiometrischen Methoden zur Aufklärung der sorptiven und reaktiven Hemmungen bei den Adsorptionskinetiken während der Zinkextraktion mit D2EHPA
- Anfertigung einer Veröffentlichung zum nichtkonvektiven Stofftransport bei der Zinkextraktion mit D2EHPA
- Präsentation von Zwischenergebnissen
- Verfassen des Zwischenberichtes und des Projektfortsetzungsantrages
- Verfassen des Abschlussberichtes

**Tab. 2:** Vorgangsliste zum Teilprojekt „Adsorptionskinetische Untersuchungen der Zinkextraktion mit D2EHPA"

| Vorgangsliste 3 | |
|---|---|
| **Projekttitel** | Systematische Stofftransportuntersuchungen der Reaktivextraktion am Beispiel der Zinkextraktion mit D2EHPA |
| **Teilprojekt** | Stoffaustausch an stabilen Phasengrenzen bei der Zinkextraktion mit D2EHPA unter Berücksichtigung potenzieller Reaktions- und Sorptionshemmungen |

**Vorgänge**

- Chemikalienaufbereitung für die Rührzellenversuche
- Ermittlung des Übertritts der Organophosphorsäure im zinkfreien System
- Modellierung des Stofftransportes für die Organophosporsäure unter Berücksichtigung der Ionenkonzentrationen
- Simulation des Transportes der Organophosphorsäure und Festlegung der zugehörigen Hemmungen
- Ermittlung des Übertritts von Zinkionen und der Organophoshorsäure bei der Zinkextraktion mit D2EHPA
- Modellierung des Stofftransportes bei der Zinkextraktion unter Berücksichtigung der Ionenkonzentrationen
- Simulation des Stofftransportes während der Zinkextraktion und Validierung der sorptiven und reaktiven Hemmungen
- Ausblick für umströmte Tropfen
- Anfertigung einer Veröffentlichung zum D2EHPA-Transport in einer gerührten Stoffaustauschzelle
- Anfertigung einer Veröffentlichung zum Stofftransport in einer gerührten Stoffaustauschzelle bei der Zinkextraktion mit D2EHPA
- Präsentation von Zwischenergebnissen
- Verfassen des Zwischenberichtes und des Projektfortsetzungsantrages
- Verfassen des Abschlussberichtes

**Tab. 3:** Vorgangsliste zum Teilprojekt „Stoffaustausch an stabilen Phasengrenzen bei der Zinkextraktion mit D2EHPA unter Berücksichtigung potenzieller Reaktions- und Sorptionshemmungen“

| Qualitative Risikoanalyse | | | | |
|---|---|---|---|---|
| **Projekttitel** | Systematische Stofftransportuntersuchungen der Reaktivextraktion am Beispiel der Zinkextraktion mit D2EHPA | | | |
| **Risiken** | **EW** | **SP** | **RS** | **Maßnahmen** |
| Fehlmessungen | mittel bis hoch | gering bis mittel | mittel | ***präventiv***: Redundanz und Datendichte, regelmäßige Kalibrierung, Kontrolle des Reinigungserfolges<br>***begleitend***: Überprüfung auf Verunreinigungen, Kontrolle der Analytikqualität, Überwachung der Messungen<br>***kurativ***: Wiederholung von Messungen und Messreihen |
| Defekte von Messeinrichtungen und Analysetechnik | gering | mittel bis hoch | mittel | ***präventiv***: sachgemäßer Umgang, Einweisung<br>***begleitend***: Bereithaltung von Verschleißteilen, Rückstellung von Geldmitteln<br>***kurativ***: Finanzierung aus Haushaltsmittels des Folgejahres, Änderung des Projektablaufs, Auslagerung der Analytik |
| kurzeitiger Personalausfall | mittel | gering | gering | ***präventiv***: Vorziehen experimenteller Aufgaben<br>***begleitend***: Umverteilung der Aufgaben<br>***kurativ***: Bereitstellung von zusätzlichem Personal |
| langfristiger Ausfall des wiss. Mitarbeiters | gering | mittel bis hoch | mittel bis hoch | ***präventiv***: Vorziehen experimenteller Aufgaben<br>***begleitend***: keine<br>***kurativ***: Veränderung der Abläufe – auch hinsichtlich der nachfolgenden Teilprojekte |
| Unterschätzung von Umfang und Komplexität | gering bis mittel | gering bis mittel | gering bis mittel | ***präventiv***: Sensibilisierung und Motivierung des wiss. Mitarbeiters<br>***begleitend***: Definition und Controlling von Zwischenzielen, Statusabfragen<br>***kurativ***: Änderung des Projektablaufs, personelle und fachliche Unterstützung |

| | | | | |
|---|---|---|---|---|
| erfolgloses Teilprojekt | gering | mittel bis hoch | mittel | ***präventiv***: Auswahl des wiss. Mitarbeiters, Motivation des wiss. Mitarbeiters, Mitarbeiterqualifikation im Projektmanagement<br>***begleitend***: Meilenstein-Trendanalyse & Statusabfragen, Steuerung & Controlling durch wiss. Mitarbeiter<br>***kurativ***: Verschiebung der folgenden Teilprojekte und Beantragung einer Abschlussfinanzierung für das Teilprojekt, Übernahme der nichterfüllten Aufgaben in das nachfolgende Teilprojekt und Anpassung dessen Abläufe |
| Zeitaufwand für nichtprojektbezogene Aufgaben | gering bis mittel | gering bis mittel | gering bis mittel | ***präventiv***: Zeitmanagement<br>***begleitend***: Vermeidung zeitlich willkürlicher Zusatzarbeiten<br>***kurativ***: Freistellung von Sonderaufgaben, personelle Unterstützung |
| EW: Eintrittswahrscheinlichkeit<br>SP: Schadenspotential<br>RS: Risikostufe | | | | |

**Tab. 4:** Qualitative Risikoanalyse

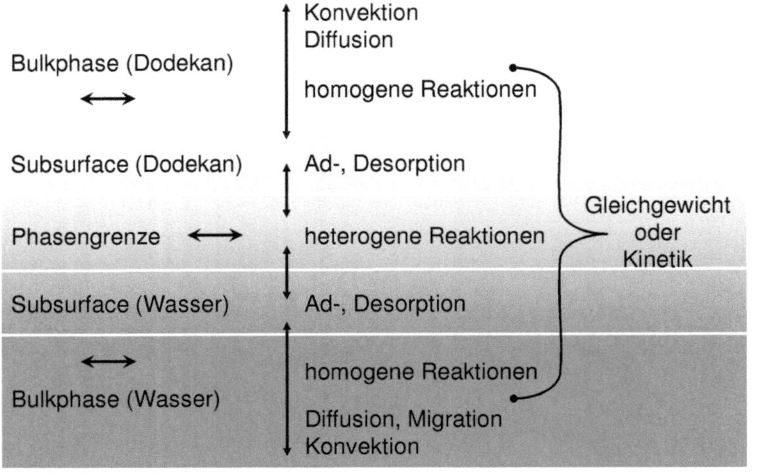


**Abb. 1:** Transportvorgänge bei der Metallsalzextraktion

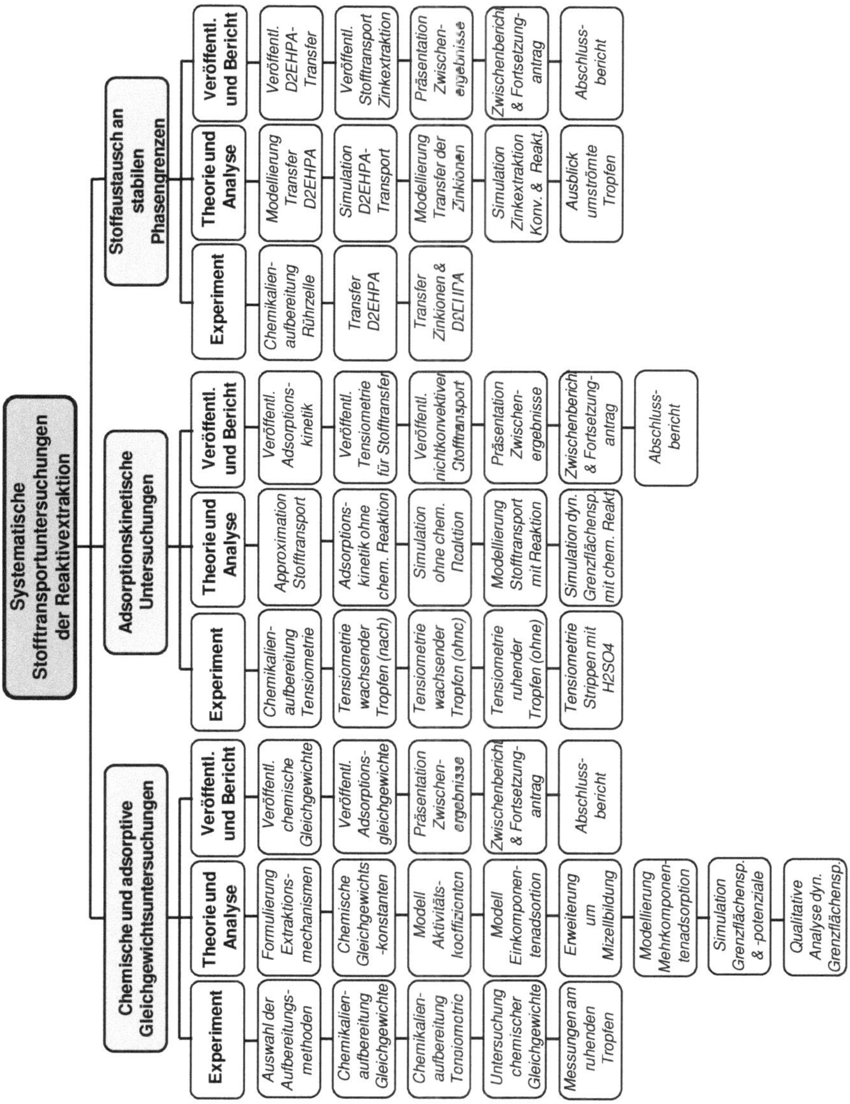


**Abb. 2:** Projektstrukturplan

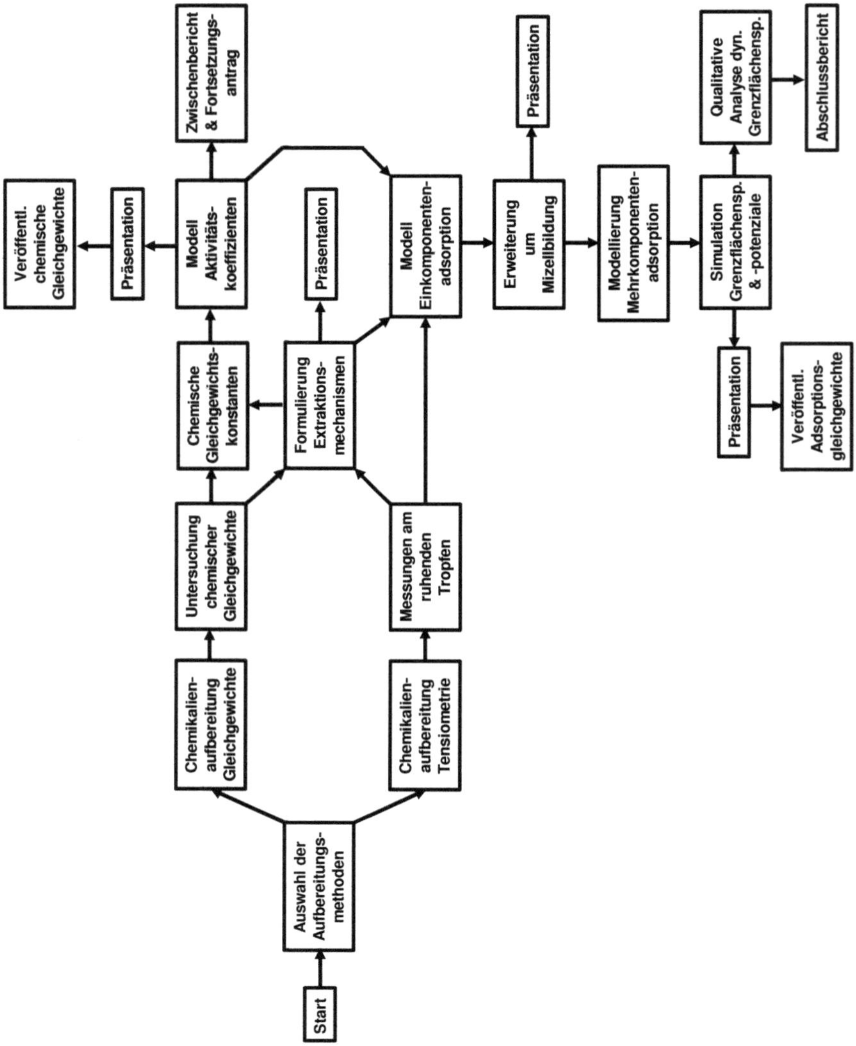


**Abb. 3:** Ablaufplan „Chemische und adsorptive Gleichgewichtsuntersuchungen bei der Zinkextraktion mit D2EHPA"

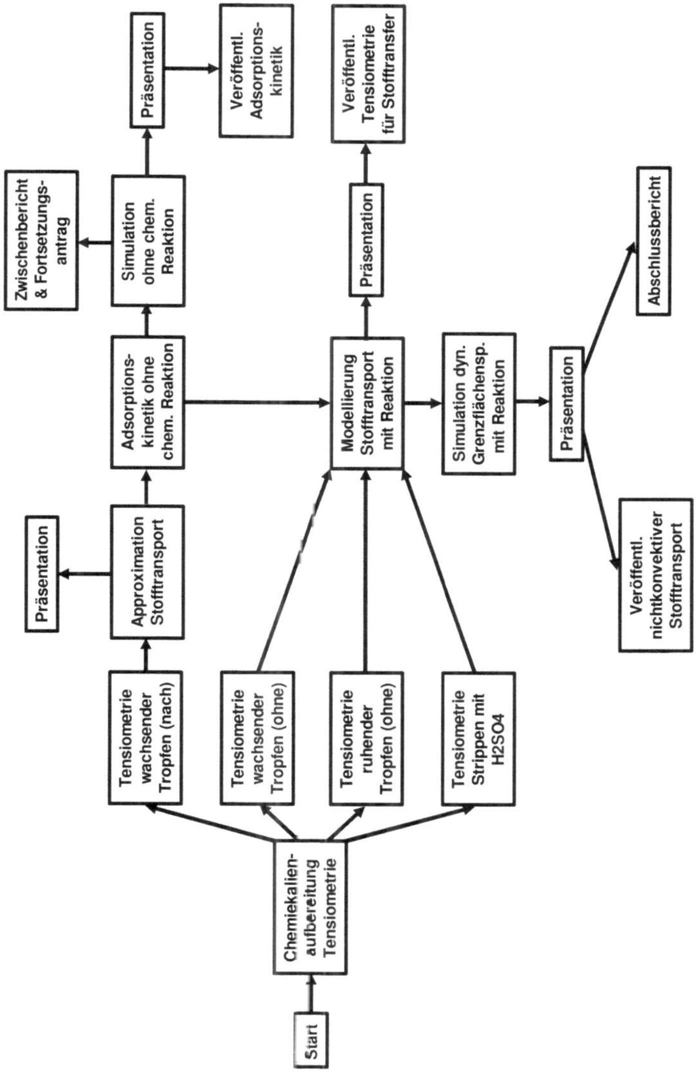


**Abb. 4:** Ablaufplan „Adsorptionskinetische Untersuchungen Zinkextraktion mit D2EHPA“

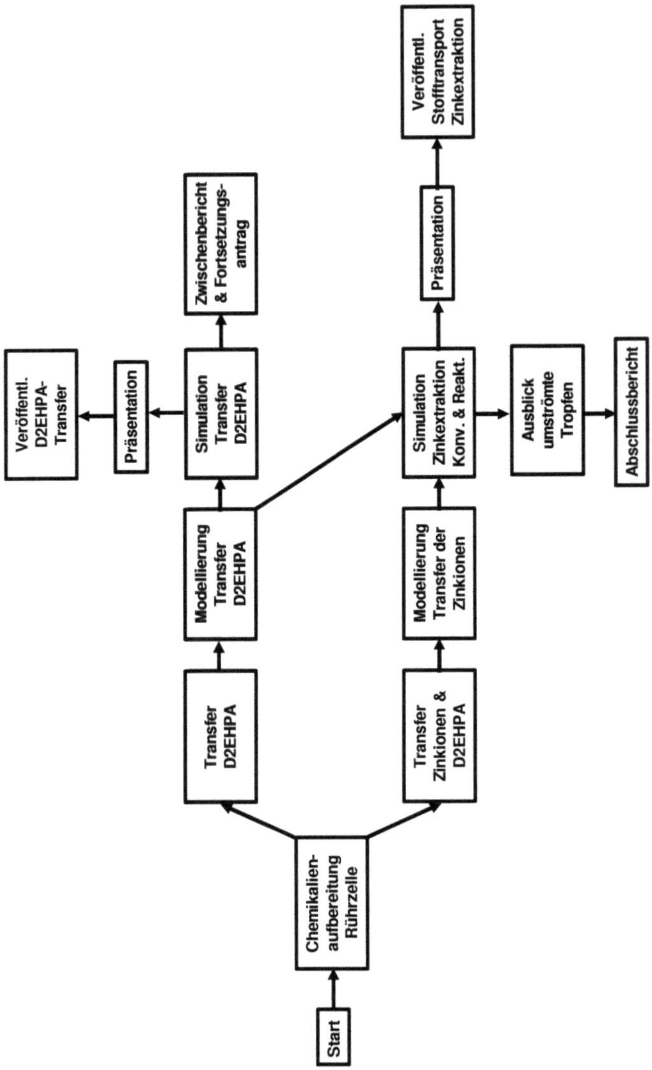


**Abb. 5:** Ablaufplan „Stoffaustausch an stabilen Phasengrenzen bei der Zinkextraktion mit D2EHPA unter Berücksichtigung potenzieller Reaktions- und Sorptionshemmungen“